河南省工程建设标准

河南省建筑与市政工程建设防灾减灾及应急处置技术标准

Technical standard for disaster prevention, mitigation, and emergency response of building and municipal engineering construction of Henan Province

DBJ41/T 273-2023

主编单位：河南省建设工程质量安全技术总站
批准单位：河南省住房和城乡建设厅
施行日期

U0285852

黄河水利出版社

·郑州·

图书在版编目(CIP)数据

河南省建筑与市政工程建设防灾减灾及应急处置技术标准/河南省建设工程质量安全技术总站主编. —郑州:黄河水利出版社,2023.11

ISBN 978-7-5509-3791-8

Ⅰ.①河… Ⅱ.①河… Ⅲ.①建筑物-防灾-应急对策-技术标准-河南②市政工程-防灾-应急对策-技术标准-河南 Ⅳ.①TU89-65②TU99-65

中国国家版本馆 CIP 数据核字(2023)第 213279 号

组稿编辑:王路平 电话:0371-66022212 E-mail:hhslwlp@ 163. com
田丽萍 66025553 912810592@ qq. com

出 版 社:黄河水利出版社 网址:www. yrcp. com
地址:河南省郑州市顺河路黄委会综合楼 14 层 邮政编码:450003
发行单位:黄河水利出版社
发行部电话:0371-66026940、66020550、66028024、66022620(传真)
E-mail:hhslcbs@ 126. com
承印单位:河南瑞之光印刷股份有限公司
开本:850 mm×1 168 mm 1/32
印张:1.5
字数:40 千字
版次:2023 年 11 月第 1 版 印次:2023 年 11 月第 1 次印刷

定价:25.00 元

河南省住房和城乡建设厅文件

公告〔2023〕34 号

河南省住房和城乡建设厅
关于发布工程建设标准《河南省建筑与市政
工程建设防灾减灾及应急处置技术标准》的公告

现批准《河南省建筑与市政工程建设防灾减灾及应急处置技术标准》为我省工程建设地方标准,编号为 DBJ41/T 273-2023,自2023 年 11 月 1 日起在我省施行。

本标准在河南省住房和城乡建设厅门户网站(www.hnjs.gov.cn)公开,由河南省住房和城乡建设厅负责管理。

附件:河南省建筑与市政工程建设防灾减灾及应急处置技术标准

河南省住房和城乡建设厅(章)

2023 年 9 月 14 日

前　言

　　根据《关于印发 2022 年工程建设标准编制计划的通知》(豫建科〔2023〕4 号)的要求,河南省住房和城乡建设厅组织河南省建设工程质量安全技术总站等有关单位,立足河南省建筑与市政工程建设防灾减灾及应急处置现状,并在广泛征求意见的基础上,制定本标准。

　　本标准的主要技术内容是:总则,术语,基本规定,防灾减灾准备,应急处置,排查与评估,复工复产。

　　本标准由河南省住房和城乡建设厅负责管理,由河南省建设工程质量安全技术总站负责具体技术内容的解释。在执行过程中如有意见或建议,请寄送河南省建设工程质量安全技术总站(地址:河南省郑州市郑东新区郑开大道 75 号河南建设大厦,邮编:451461,邮箱:zjzzjsk@126.com)。

主编单位:河南省建设工程质量安全技术总站
参编单位:中国建筑第七工程局有限公司
　　　　　郑州市工程质量监督站
　　　　　中国建筑第七工程局有限公司总承包公司
　　　　　中建八局第一建设有限公司
　　　　　河南省第二建设集团有限公司
　　　　　河南省第一建筑工程集团有限责任公司
　　　　　中国五冶集团有限公司中原分公司
　　　　　郑州一建集团有限公司
　　　　　河南山和工程检测咨询有限公司
　　　　　元森建设管理有限公司

编制人员: 郝树华　李发强　曾繁娜　徐红杰　侯振国
　　　　　岳明生　黄振中　李　英　程光辉　乔蒙丹
　　　　　张家元　孟裕臻　张小刚　陈　伟　王　满
　　　　　秦瑞环　王　伟　胡凌云　员翟坤　赵广军
　　　　　郑　委　张中善　杨伟涛　孙维东　苏　凯
　　　　　崔延卫　曹战峰　李　刚　郭海平　马遂昌
　　　　　向锡仁　王鹏鹏　朱井学　朱贺龙　李心仪
　　　　　吕　杨　李林涛　李　慧　崔永伟　路耀东
　　　　　杨如意　牛佳明　孔　川　王　放　朱　兵
审查人员: 肖理中　李　旸　王荣彦　王　刚　朱治国
　　　　　王瑞波　张红英

目　次

1 总 则

1.0.1 为提高河南省建筑与市政工程建设防灾减灾及应急处置能力,最大限度地减少灾害造成的人员伤亡和财产损失,规范防灾减灾准备、应急处置、排查评估和复工复产工作,做到安全可靠、低碳环保、技术先进、经济适用,制定本标准。

1.0.2 本标准适用于河南省内新建、改建和扩建的建筑与市政工程建设的防灾减灾及应急处置。

1.0.3 河南省建筑与市政工程建设防灾减灾及应急处置除应执行本标准外,还应遵守国家和河南省现行有关标准的规定。

2 术 语

2.0.1 防灾减灾准备 disaster preparedness and mitigation

为防灾减灾预先采取的系列工作,包括组织及队伍准备、预案制定、应急物资准备、避险转移安置准备、监测与预警、培训与演练等。

2.0.2 应急处置 emergency response

为尽快控制和减少灾害所造成的危害而采取的应急措施。

2.0.3 复工复产 resumption of work and production

受灾工程及周边环境经评估、检测与处理合格后,恢复生产活动的行为。

3 基本规定

3.0.1 工程建设各参建单位应根据工程所在地可能发生的各类灾害特点，做好防灾减灾及应急处置工作，并应符合下列规定：

1 应坚持常态防灾减灾和非常态救灾相统一，保证人身、财产和公共安全。

2 应符合国家防灾减灾、应急管理、资源节约和环境保护等政策要求。

3 宜采用信息化、数字化和智能化等先进技术和方法。

3.0.2 工程建设防灾减灾及应急处置，应包括防灾减灾准备、应急处置、排查与评估和复工复产。

3.0.3 工程建设各参建单位工作内容应符合下列规定：

1 建设单位应统筹工程建设防灾减灾及应急处置各项工作。

2 勘察单位应在勘察报告中注明气象、水文情况，明确地质风险，提出建议、措施，参与灾后排查分析，对排查问题中涉及勘察的内容提出专业性意见与建议，参与处理方案审核及现场验收。

3 设计单位应参与灾情调查，进行结构安全性、可靠性分析与验算，提出处理建议，参与处理方案审核及现场验收。

4 施工单位应按建设单位的要求，落实防灾减灾准备工作，实施现场救援及应急处置，排查质量安全隐患，参与排查结果评估及灾后处理，协助工程检测，有序组织复工复产。

5 监理单位应审核防灾减灾及应急处置预案，核查现场防灾减灾准备落实情况，参与灾害应急处置、排查与评估等工作。复核复工复产条件，签发复工令。

6 检测单位应根据项目特点、灾害受损等情况，制定检测方案，对检测结果的真实性和准确性负责。

7 未实行监理的工程,建设单位相关人员应履行本标准涉及的监理职责。

3.0.4 建设单位应将工程建设防灾减灾及应急处置各阶段的工作形成资料并及时归档。

4 防灾减灾准备

4.1 一般规定

4.1.1 工程建设防灾减灾准备工作应贯穿开工到竣工验收及工程交付的全过程。

4.1.2 工程建设防灾减灾准备工作应包括组织及队伍准备、预案制定、应急物资准备、避险转移安置准备、监测与预警、培训与演练等。

4.2 组织及队伍准备

4.2.1 应建立以建设单位项目负责人为组长的防灾减灾及应急处置工作领导小组，全面负责防灾减灾及应急处置工作。

4.2.2 应组建应急抢险救援队伍。救援队伍应结合项目特点、灾害类别及特征，配备相应专业人员及救援设备。

4.3 预案制定

4.3.1 开工前，施工单位应编制防灾减灾及应急处置预案，经监理单位审核，建设单位同意后实施。

4.3.2 防灾减灾及应急处置预案应分工明确，责任到人，应包括以下内容：

 1 工程概况；

 2 应急组织；

 3 应急物资及设备；

 4 避险转移安置；

 5 监测与响应；

6 应急处置措施；

7 应急保障；

8 灾后排查；

9 评估及培训演练。

4.3.3 防灾减灾及应急处置预案应根据施工环境变化实施动态调整。

4.4 应急物资准备

4.4.1 应制定应急物资储备计划、设备设施保障计划,做好采购、储备、保养、更新、补充等工作。每季度应开展不少于一次物资盘查,雨期、汛期等应增加盘查频次。

4.4.2 应单独设置应急物资仓库,并应指派专人对进场物资进行验收,建立储备清单及发放台账。

4.4.3 应急物资应包括下列内容：

1 应急机具；

2 运输设备；

3 通信设备；

4 照明及动力设备；

5 工程实体防护物资；

6 人员安全防护用具；

7 防疫消杀物资；

8 包扎、消毒等常用急救物品。

4.5 避险转移安置准备

4.5.1 应设置明确的避险转移线路、通道和避险场所,并应设置明显的标志标识。

4.5.2 避险场所应设置在安全区域,面积宜与工程现场总人数相适应。场所内房屋、设施应安全可靠,并配备相关消防、医疗、急救、疫情防控等设施。

4.6 监测与预警

4.6.1 应指定专人收集、接收、报告监测与预警信息。

4.6.2 监测应符合下列规定:

1 应对工程及周边环境进行监测;

2 对高层建筑、超高层建筑、大跨度或体形狭长等特殊工程,以及重要基础设施工程,应增加监测频次;

3 遇台风、洪水等灾害情况时,应增加监测频次。

4.6.3 预警应符合下列规定:

1 应保持与气象、自然资源、应急管理等相关部门的沟通联系。

2 接收到预警信息后,应即时通过电话、网络、口头通知等有效形式,通知防灾减灾及应急处置工作领导小组。各部门、各单位负责人应及时传达信息。

3 应每隔 2 h 至少查收一次最新信息,如有变化立即通报,直至预警信号解除。

4.7 培训与演练

4.7.1 每季度应根据气候特点,开展防灾减灾及应急处置培训。

4.7.2 应及时开展防灾减灾及应急处置演练,演练应包括下列内容:

1 应急启动;

2 应急救援与联动;

3 人员集结、撤离;

4 抢险救灾设备使用,物资调配;

    5 应急处置；

    6 总结与改进。

4.7.3 开展培训和演练时,物资及设备应由预案明确的使用人操作。

5 应急处置

5.1 一般规定

5.1.1 应急处置可分为事前处置、事中处置、事后处置。

5.1.2 应急处置应在保障抢险救援人员人身安全的条件下开展。

5.1.3 防灾减灾及应急处置工作领导小组应及时分析监测与预警信息,结合灾害特点及工程建设潜在风险,适时启动预案,集结救援队伍,调配物资和设备,进行应急处置,并根据监测与预警信息进行动态调整。

5.2 事前处置

5.2.1 应在有潜在危险的区域进行警戒隔离,设置明显标识。

5.2.2 遇雷雨、大雪、浓雾或作业场所 5 级以上大风等恶劣天气时,应停止高处作业。

5.2.3 在雨、雪、雾、霾、沙尘等低能见度天气时,以及风速超过 9.0 m/s 时,严禁进行大型起重机械的安装拆卸作业。

5.2.4 接到预警信息后,应检查临时用电系统,切断非应急线路电源,保障应急线路正常使用。

5.2.5 接到滑坡、泥石流等地质灾害预警信息,施工现场应立即停止作业,疏散人员到避险场所。

5.2.6 大风灾害应急处置应符合下列规定:

    1 建筑物、构筑物整体或局部不足以抵抗风荷载产生的倾覆时,应采取抗倾覆措施;

    2 对现场标牌、围挡、棚架、水电管线及设备等易被风吹动的设施,应进行拆除或临时加固;

    3 塔吊应解除回转制动,龙门吊应设置夹轨器制动,施工升

降机及吊篮应落地,桩机采取增加缆风绳、放倒机架等措施,架桥机应开启锚定装置、抗风防滑装置;

4 转移或加固施工现场作业层临边放置的建筑材料、构配件、设备和机具等;

5 金属屋面板、雨棚等应采取抗风揭措施。

5.2.7 雷电灾害应急处置应符合下列规定:

1 应停止用电作业、高空作业和吊装作业;

2 应远离高压线、地势较高处和高耸设施等易受雷击的区域;

3 应检查现场电气线路及设备设施的接地接零保护,切断除照明外设施设备的电源;

4 应检查起重机、井架、龙门架等机械设备,以及钢脚手架和在建金属结构防雷措施的完好情况。

5.2.8 现场人员转移至避险场所后,防灾减灾及应急处置工作领导小组应安排专人对转移人员进行清点,确保人员安全。

5.3 事中处置

5.3.1 应立即开展营救受灾人员,及时疏散、撤离并妥善安置受威胁人员,开展伤病员救治,必要时可寻求社会应急力量参与应急处置工作。

5.3.2 应开展抢险工作,控制危险源,标明危险区域,封锁危险场所,划定警戒区,实施限制及其他控制措施。

5.3.3 应采取禁止或限制使用易受灾害危害的有关设备、设施和场所,中止人员密集的活动或可能导致危害扩大的生产活动及其他保护措施。

5.3.4 应重点检查周边环境、施工现场、临时设施、大型机械设备、救援通道等,当出现救援通道塌陷、管道爆裂、线路及设备损坏等情况时,宜恢复使用功能,不能恢复的,应停止使用并设置警示标识。

5.3.5 暴雨、洪涝灾害应急处置应符合下列规定：

    1 应检查施工现场积水情况，监测水位变化，做好防水、排水、降水、堵水、截水和抗浮等控制措施。

    2 应对基坑、周边建（构）筑物、临近道路、管线进行巡查，出现失稳破坏征兆时，应采取撤离、警戒等措施。

    3 应将可移动机械设备转移至安全地带，及时排出固定式机械设备及施工脚手架基础积水。

    4 应做好现场材料、半成品、成品、设备设施的防雨、覆盖、排水和转移工作。

    5 应做好现场成品保护工作，重点对屋面排水进行检查，确保排水通畅；对地下工程、地下车库连通口、预留洞口、出入口、设备吊装口等采取封堵、排水等措施。

5.3.6 暴雪、低温、冰冻天气灾害应急处置应符合下列规定：

    1 应清理临时建筑、设施、管线、周边道路、施工通道的积雪与积冰，主要通道应采取防滑措施。

    2 应对未达到受冻临界强度的混凝土采取保温措施。

    3 道路工程应停止上路床和路面结构的施工。

    4 及时清理屋面及大跨度结构积雪、积冰，消除冰雪荷载产生的不利影响。

5.3.7 高温灾害应急处置应符合下列规定：

    1 宜避开高温时段作业，高温作业场所应采取有效防暑、防晒、通风、隔热及降温措施。

    2 宜合理安排室外露天作业时间，日最高气温达到40 ℃以上时，应停止室外露天作业。

    3 现场应设置休息场所，提供必要的防暑降温饮品和药品，并配备通风、隔热和防暑降温设备，现场人员出现中暑症状时，应采取必要的现场急救措施。

4 应改善生活区的通风和降温条件,确保作业人员宿舍、食堂、淋浴等临时设施满足防暑降温需求。

5 应妥善安置易燃易爆物品,确保消防设备设施有效;检查露天架设的线路、变压器和用电设备等,发现隐患,立即修复。

5.4 事后处置

5.4.1 应研判受灾情况,抢险救援力量不足或事态超控制范围时,应及时上报属地人民政府、建设行政主管部门,以及公安、消防、应急管理等部门,申请政府及社会力量参与救援。

5.4.2 应持续监测现场及周边环境,并及时采取隔离、加固等措施。

6 排查与评估

6.1 一般规定

6.1.1 应检查作业区、办公区和生活区环境卫生、人员健康等情况，做好卫生防疫。

6.1.2 受灾工程的排查与评估应由建设单位组织实施并形成记录。

6.1.3 应根据灾害类型及影响程度进行相应质量、安全隐患排查，可按附录 A 填写隐患排查记录。

6.1.4 受灾工程的评估应在质量、安全隐患排查完成后进行，可按附录 B 填写隐患评估与处理记录。

6.2 质量隐患排查

6.2.1 应复核测量基准点、工作基点和监测点完好情况。

6.2.2 应排查工程及其周边建（构）筑物、道路、管线与设备的沉降、倾斜、裂缝、受损等情况。

6.2.3 应排查工程现场主要材料、半成品、成品和建筑构配件等质量情况。

6.2.4 安装工程应重点排查下列质量隐患：

    1 各系统、设备正常运行情况；

    2 管道及配件变形、位移、渗漏、破损情况；

    3 线缆线芯断裂、绝缘层破损情况及导通性；

    4 支架脱落、松动、变形情况；

    5 设备外观破损、功能及零部件缺失情况；

    6 防雷接地系统完整性及接地电阻变化情况。

6.2.5 建筑工程应重点排查下列质量隐患：

1 地基与基础工程,宜包括:

1)积水、沉降、变形、上浮、孔洞、裂缝、管涌、渗漏等情况;

2)地基承载力变化情况;

3)钢筋及钢构件污染、锈蚀等情况;

4)混凝土构件露筋、保护层脱落等情况;

5)防水工程防水层破损、渗漏等情况。

2 主体结构工程,宜包括:

1)主体结构裂缝、变形、倾斜、沉降、冻害、积水、渗漏等情况;

2)钢筋及钢构件污染、锈蚀、变形等情况;

3)混凝土结构变形、裂缝、露筋、保护层脱落等情况;

4)装配式构件开裂、变形,节点连接松动等情况;

5)钢结构、木结构变形,节点连接松动,防腐、防火涂料涂层受损等情况。

3 建筑装饰装修、建筑节能、屋面工程,宜包括:

1)装饰装修、建筑节能及屋面工程开裂、脱落等情况;

2)幕墙、外门窗变形及外墙保温层等破坏情况;

3)墙体、屋面、门窗、管线根部等渗漏情况;

4)屋面积水、排水情况。

6.2.6 市政工程应重点排查下列质量隐患:

1 城镇道路工程,宜包括:

1)天然地基浸水、冻胀、冲刷、变形破坏等,对路基垫层进行复压,对压实度、弯沉值进行复检;

2)基层脱空、裂缝、冲刷等破坏情况,对基层压实度、7 d 无侧限抗压强度进行复检;

3)路面不均匀沉降、裂缝、空洞、塌陷、位移等,对压实度、弯沉值进行复检;

4)挡土墙位移、脱空、沉陷、滑坡、倾斜(倒)、冲沟等;

5)护坡、路缘石、排水沟、照明设备、交通标志等附属构筑物的损坏情况。

2 城市桥梁工程,宜包括:

1) 桥墩及基础沉降、变形、裂缝、倾斜、冲刷、冲撞破坏等;

2) 桥台锥坡破损、沉陷、开裂、冲刷、滑移等;

3) 台背填土沉降、受冲刷,桥头搭板下沉、板底脱空或断裂等;

4) 上部结构主梁支点、跨中、变截面处及隔板处裂缝、焊缝断裂、变形等;

5) 斜拉桥斜拉索索力变化,减震器有无松动、脱落,拉索风雨激振装置有无异常;

6) 拱桥吊杆锚头松动、积水等;

7) 箱梁体外预应力锚固设施松动等;

8) 支座位移、变形、锈蚀、松动、剪断等;

9) 桥面纵横坡度变化及积水情况,泄水管损坏、脱落,防水层渗水等;

10) 伸缩缝破损、结构脱落、淤塞、填料凹凸、跳车、漏水等;

11) 桥面面层、桥面防水及泄水工程破坏情况;

12) 护栏断裂、缺损、松动、锈蚀和变形等情况;

13) 抗震挡块与梁体或支座垫石抵紧情况、开裂等情况。

3 城市隧道工程,宜包括:

1) 隧道内、外排水及排水沟淤积情况;

2) 隧道周边地表沉降、塌陷、位移、裂缝情况;

3) 复测隧道标高、隧道内收敛变形,检查沉降缝两端沉降、错台情况;

4) 隧道主体结构及路面裂缝、渗水、变形等情况;

5) 隧道内外通风、排水及消防等附属系统、设备运行情况;

6) 隧道内爬梯牢固情况。

4 城市给水排水管道及检查井,宜包括:

1)管沟积水、边坡变形、地基承载力变化情况;

2)管道及管井淤堵情况;

3)管道变形、位移、接头错位、渗漏情况;

4)检查井周边地表沉降、脱空、塌陷、开裂等情况;

5)井盖、排水口箅子断裂、缺失等情况;

6)井盖内防护网破损情况。

5 园林绿化及附属工程,宜包括:

1)场地内积水及水土流失情况;

2)绿植倒伏、断枝、折断、劈裂等情况;

3)附属设施裂缝、变形、位移等情况;

4)场地内安全防护设施变形、松动、缺失等情况;

5)场地内管线及设备运行情况。

6.3 安全隐患排查

6.3.1 地基基础工程应重点排查下列安全隐患:

1 基坑、边坡及支护结构裂缝、松动、变形、位移等情况,土体开裂、脱落、位移等情况,内支撑变形、松动情况,防坠措施有效性等;

2 基坑内积水、淤泥沉积情况,排水沟、集水井、排水泵等排水设施运行情况;

3 基坑工程的安全防护、安全通道和警示标志有效、完好情况;

4 基坑周边堆载情况;

5 钢围堰倾斜、沉降、位移、渗漏等,土石围堰冲刷、缺口、裂缝、渗漏、沉陷等;

6 复测沉井标高、位置,排查沉井倾斜、沉降、裂缝、周边沉陷等;

7 顶管施工工作井和接收井积水、稳定状态,顶管区域地下水、地面环境变化,管内有毒有害气体,施工用电及电气设备异常情况等。

6.3.2 模板、脚手架与作业平台工程应重点排查下列安全隐患:

1 支架基础牢固、平整、沉降等情况及周边排水通畅情况;

2 杆件弯曲、变形、锈蚀等情况,架体变形、倾斜、节点连接松动情况,架体防护设施完整、牢固情况;

3 附着式升降脚手架动力装置、防坠落装置、防倾覆装置、同步控制装置完好情况,附着支座与建筑结构连接牢固情况,网片松动、脱落、变形情况;

4 高处作业吊篮配重缺失、挑梁扭曲变形、锚固点松动、钢丝绳断股、焊缝开裂、防护设施损坏、专用电箱电器元件脱落等情况;

5 施工栈桥与作业平台位移、变形、倾斜、冲撞破坏、梁柱连接点错位、焊缝开裂等,作业平台受力构件变形、锚固点松动、钢丝绳断股等情况;

6 猫道承重索线型、锚碇和面层完整性,锚具松动、锚梁变形、吊耳焊缝裂纹、索夹索卡松动、转向滑轮损坏、横管及立柱管扣件松动等情况;

7 移动模架主梁及模板变形、位移、脱漆、开焊,连接螺栓松动,液压系统管路接头松动、漏油,电气系统故障,平台、梯子、栏杆、安全网损坏等情况;

8 悬臂施工挂篮主桁架及模板变形、偏位、焊缝裂纹,后锚固点松动,悬吊系统杆件变形、断裂、缺失、连接点松动,操作平台安全防护措施缺失、损坏,电气及液压设备异常等情况;

9 液压爬升模板预埋件及附墙锚栓位移、变形、松动,连接点锚栓松动,导轨变形、位移、松动,模板变形、杆件缺失、变形、防坠装置失灵,作业平台、护栏等安全防护措施损坏,电控、液压设备异常等情况;

10 连续梁挂篮悬浇 0# 块墩梁临时固结装置倾斜、变形情况,临时支座碎裂、脱开情况,临时钢支撑脱焊、横向联结系撕裂情况等。

6.3.3 高处作业应重点排查下列安全隐患:

1 安全网完好情况;

2 临边及洞口防护设施强度、杆件连接牢固情况,平台铺板及与建筑结构间铺板的严密、牢固情况;

3 高处作业平台结构完整性和整体稳定性,上下专用通道的牢固性;

4 冬期施工时,检查高处作业平台积雪、结冰情况。

6.3.4 临时用电应重点排查下列安全隐患:

1 总配电柜、各级配电箱进水或被浸泡情况;

2 电缆电线架空、配电线路及接头的连接强度和绝缘性应符合要求;

3 施工用电设备接地与接零保护系统可靠、灵敏情况;

4 各类机械设备、附着式升降脚手架、电动吊篮等设施设备的电气控制装置情况;

5 临时照明装置绝缘导线情况,特殊场所安全电压照明器使用情况;

6 应急用电系统正常使用情况。

6.3.5 施工机具应重点排查下列安全隐患:

1 漏电保护装置完好、有效情况;

2 搅拌机料斗钢丝绳的磨损、锈蚀、变形等情况;

3 翻斗车制动、转向装置、桩工机械安全装置的灵敏及可靠情况;

4 打桩机械作业区域地面承载力符合情况;

5 钢梁顶推设备及导梁的工作状况。

6.3.6 大型机械设备应重点排查下列安全隐患：

1 塔式起重机

1）基础沉降、机身倾斜等情况；

2）主要结构构件开焊、断裂、变形等情况；

3）附着与建筑结构连接牢固情况；

4）荷载限制装置、行程限位装置等保护装置的灵敏及可靠情况；

5）电气系统是否正常；

6）高强螺栓、销轴、紧固件的断裂、松脱等情况；

7）防雷接地装置、供电系统接零保护装置的灵敏、有效等情况。

2 施工升降机与物料提升机

1）基础沉降、机身倾斜等情况；

2）防雷接地装置的有效情况；

3）起重量限制器、防坠安全器、防松绳装置、对重缓冲器、安全钩等安全装置，以及非自动复位型极限开关、自动复位型上限位开关、下限位开关、吊笼门的机电连锁装置等限位装置的灵敏、可靠情况；

4）附墙架与建筑结构连接牢固情况；

5）钢丝绳断丝、变形、锈蚀、磨损等情况；

6）标准节螺栓松动等情况；

7）防护围栏、防护棚、防护门、停层平台、平台门、挡脚板、平台脚手板等防护设施的完整及牢固情况，停层平台间隙大小情况。

3 流动式起重机

1）电气系统、动力系统异常情况；

2）升降、回转异响、卡顿，制动装置减弱、失灵，吊钩、吊绳破损，支腿失稳等情况；

3）荷载限制装置、行程限位装置的灵敏及可靠情况；

4）起重机站位处地基承载力可靠性,路基箱配备齐全性。

4 门式起重机

1）基础沉降、裂缝,轨道变形情况;

2）架体倾斜、变形,螺栓松动情况;

3）轮子卡死、夹轨钳损坏,钢丝绳、吊钩破损情况;

4）滑轮及护罩损坏、变形,制动、限位、缓冲装置失灵情况;

5）行走电机是否进水等电气系统异常情况。

5 架桥机

1）轨道变形、位移,同向轨道不平行、存在高差情况;

2）制动、限位装置失灵情况;

3）支腿倾斜、失稳,吊具破损情况;

4）电气系统正常运行情况;

5）梁上运梁车防溜、防碰撞措施是否有效。

6 缆索起重机

1）支座锚栓松动情况;

2）各构件节点销子、锚栓松动情况;

3）地垄与塔头错位,塔头、轨索倾斜情况;

4）制动、限位装置失灵情况;

5）电气系统异常情况。

7 桥面吊机后锚固是否松动、保险是否可靠。

6.3.7 临时设施与危险品库房应重点排查下列安全隐患:

1 施工现场办公室、宿舍、库房等临建设施、围挡结构,特别是临水、临近基坑的临时设施基础和结构变形、倾斜、裂缝等情况;

2 对被洪水浸泡过的临时设施,除确保设施安全外,还应做好卫生防疫工作;

3 易燃易爆等危险物品库房,应重点排查危险品摆放、泄漏情况,消防器材安置情况,通风设施完好情况,温度正常情况。

6.4 评 估

6.4.1 建设单位应组织勘察单位、设计单位、监理单位和施工单位对排查出的隐患进行分析、评估,形成评估报告。

6.4.2 评估应包括质量隐患评估和安全隐患评估,质量隐患评估应明确是否影响工程实体结构安全,安全隐患评估应明确一般或重大事故隐患。评估报告应包含评估依据、评估范围、评估内容和评估结论。

6.4.3 受灾工程经评估判定存在以下情况时,建设单位应委托有资质的检测机构进行检测或鉴定:

1 影响结构安全、主要使用功能的质量隐患;

2 需检测的安全事故隐患;

3 重大安全事故隐患。

6.4.4 受灾工程的检测应符合下列规定:

1 应在灾害对结构不会再造成破坏后进行;

2 应在勘察现场和查阅资料的基础上,结合工程形象进度、结构形式、灾害实际受损情况编制检测方案;

3 检测方案应确定隐患区域、部位、设备、设施,明确检测内容和范围,并应征求委托方意见;

4 检测报告中应有明确的检测结论。

7 复工复产

7.0.1 复工复产前,建设单位应及时组织对质量、安全隐患进行处理,处理完毕后,可按附录 B 填写隐患评估与处理记录。

7.0.2 质量、安全隐患处理应符合下列规定:

    1 不影响结构安全、主要使用功能的质量隐患,以及一般安全事故隐患,由施工单位制定处理措施,监理单位审核后实施处理;

    2 影响结构安全、主要使用功能的质量隐患,建设单位应根据检测结论组织编制专项方案,经专家论证通过后实施;

    3 经评估、检测,结论判定为重大安全事故隐患的,建设单位应组织编制专项方案,经专家论证通过后实施。

7.0.3 复工复产应符合下列条件:

    1 应在不发生灾害及次生灾害条件下进行;

    2 质量、安全隐患应处理完毕,并验收合格;

    3 专业人员、机械设备、作业环境和材料物资应满足复工复产要求;

    4 受灾害影响的材料、半成品、成品、构配件、器具、设备、设施等应进行检测,并且检测结果为合格;

    5 根据评估、检测和工程实际受损程度,确定需要加固、拆除的,经加固或拆除处理后,满足相关标准规范要求;

    6 其他影响复工复产的因素应处理完毕;

    7 应当履行的复工复产审批手续已经完成。

7.0.4 复工复产前应对作业区、办公区和生活区全面消杀。

7.0.5 工程隐患消除后,施工单位可按附录 C 填写复工复产申请,经监理单位审查同意,建设单位组织参建单位核查复工复产条件,满足要求核查同意后,方可复工复产。

附录 A 隐患排查记录

单位工程名称					
灾害类型					
序号	部位	隐患			

建设单位	监理单位	施工单位	设计单位	勘察单位	其他单位
参与人：	参与人：	参与人：	参与人：	参与人：	参与人：
年 月 日	年 月 日	年 月 日	年 月 日	年 月 日	年 月 日

附录 B 隐患评估与处理记录

单位工程名称					
灾害类型					
序号	部位	隐患	评估结论	检测结论	处理结果

建设单位	监理单位	施工单位	设计单位	勘察单位	其他单位
参与人：	参与人：	参与人：	参与人：	参与人：	参与人：
年 月 日	年 月 日	年 月 日	年 月 日	年 月 日	年 月 日

附录 C 复工复产申请

工程名称		建设单位	
监理单位		施工单位	
设计单位		勘察单位	
复工复产的申请理由及相关证据			
勘察单位核查意见	（公章） 项目负责人： 年　月　日		
设计单位核查意见	（公章） 项目负责人： 年　月　日		
施工单位核查意见	（公章） 项目负责人： 年　月　日		
监理单位核查意见	（公章） 总监理工程师： 年　月　日		
建设单位核查意见	（公章） 项目负责人： 年　月　日		
备注	1. 勘察单位、设计单位项目负责人应参加地基与基础分部的核查。 2. 设计单位项目负责人应参加主体结构、节能分部的核查。 3. 本表一式五份,建设单位、监理单位、施工单位、设计单位、勘察单位各执一份。		

本标准用词说明

1 为便于在执行本标准条文时区别对待,对要求严格程度不同的用词说明如下:

1)表示很严格,非这样做不可的:正面词采用"必须",反面词采用"严禁"。

2)表示严格,在正常情况下均应这样做的:正面词采用"应",反面词采用"不应"或"不得"。

3)表示允许稍有选择,在条件许可时首先应这样做的:正面词采用"宜",反面词采用"不宜"。

4)表示有选择,在一定条件下可这样做的,采用"可"。

2 本标准中指明应按其他有关标准执行的写法为:"应符合……的规定"或"应按……执行"。

引用标准名录

1 《风险管理 指南》GB/T 24353

2 《风险管理 风险评估技术》GB/T 27921

3 《建筑结构检测技术标准》GB/T 50344

4 《城市综合防灾规划标准》GB/T 51327

5 《建筑与市政工程施工质量控制通用规范》GB 55032

6 《建筑与市政施工现场安全卫生与职业健康通用规范》GB 55034

7 《建筑防火通用规范》GB 55037

8 《建筑施工安全检查标准》JGJ 59

9 《建筑施工临时支撑结构技术规范》JGJ 300

10 《市政工程施工安全检查标准》CJJ/T 275

河南省工程建设标准

河南省建筑与市政工程建设
防灾减灾及应急处置技术标准

DBJ41/T 273-2023

条文说明

目　次

2 术　语

2.0.3　复工复产指恢复正常生产活动。本标准所指的复工复产主体为在建的建筑与市政工程。

3 基本规定

3.0.1 本条对防灾减灾及应急处置工作应遵循的整体原则做了规定。

3.0.3 本条对在建工程各参建单位在防灾减灾及应急处置各阶段中的工作内容进行了细化,明确了各参建单位必要的管理行为。

　　建设单位作为工程项目的组织者,应对各参建单位在防灾减灾准备、应急处置、排查与评估和复工复产等阶段所涉及的工作进行统筹安排和协调。

4 防灾减灾准备

4.2 组织及队伍准备

4.2.2 救援队伍可结合项目特点和不同灾害实际需要,配备建筑、结构、电气、给水排水等专业技术人员,并对救援人员进行相关知识和技能培训。救援队伍的人数根据工作场所的规模、劳动者人数配备。

4.4 应急物资准备

4.4.2 对进入施工现场的应急物资进行检查验收,不合格产品不得储备使用。物资仓库应设置在安全且有利于抢险救援的位置,定期检查,确保应急抢险时能及时投用。

4.5 避险转移安置准备

4.5.1 避险转移线路、通道和避险场所,应随工程进度和周边环境适时调整。

4.5.2 避险转移安置时,应做好人员的医疗救护和心理疏导等工作,落实卫生防疫管理措施,加强卫生健康知识宣传,提高现场人员的卫生防范意识。人均避险场所面积不宜低于 $1.5\ m^2$。

4.7 培训与演练

4.7.1 工程项目应加强对防灾减灾知识学习、宣传及培训,每季度根据当地气候特点开展相关活动,掌握暴雨、暴雪、洪涝、大风等常见自然灾害特点及相应应急处置措施。

5 应急处置

5.1 一般规定

5.1.1 考虑到灾害发生前、发生时和结束后的应急处置措施不同,应急处置可分为事前处置、事中处置、事后处置。接收到灾害预警信息后,灾害发生前进行事前处置,灾害发生时进行事中处置,灾害结束后进行事后处置。

5.1.2 本条明确了灾害应急处置的前提条件。

5.1.3 本条明确了应急处置的主要工作。接收到灾害预警信息后,以建设单位项目负责人为组长的防灾减灾及应急处置工作领导小组,必须第一时间做出反应,启动预案,项目参与各方按各自职责和应急预案的要求部署进行应急处置工作。

5.2 事前处置

5.2.1 本条明确规定当灾害可能影响区域对人员有潜在伤害时的灾前处置措施。

5.2.2 高处作业时,遇恶劣的气候条件应停止作业,同时,在高处作业施工过程中除遇到本条罗列的气候条件外,遇到其他可能导致高处作业安全隐患增加的气候条件,亦应按相关要求采取安全保障措施。

5.2.3 安装拆卸作业遇到恶劣的条件应停止作业,在安装拆卸作业施工过程中除遇到本条罗列的气候条件外,遇到其他可能导致作业安全隐患增加的气候条件,亦应按相关要求采取安全保障措施。

5.2.4 本条明确规定了接到预警信息后,临时用电系统的处置措施。优先保障应急线路及设施正常使用。

5.2.5 本条明确规定了接到滑坡、泥石流等地质灾害预警信息后的应急处置内容。接到灾害预警后,停止作业,及时疏散人员到避险场所是减少人员伤亡的最有力措施。

5.2.6 本条明确规定了接到大风灾害预警后采取的应急处置内容。

5.2.7 本条明确规定了接到雷电灾害预警后采取的应急处置内容。工程建设周期长,高耸结构、机械设备多,用电设备繁多,高处作业频繁,雷电极易造成工程财产损失和人员伤亡,在接到雷电灾害预警信息后,要及时开展雷电隐患排查,强化雷电防御措施,减少损失和伤亡。

5.3 事中处置

5.3.1 根据《中华人民共和国突发事件应对法》、《河南省人民政府关于印发河南省突发事件总体应急预案(试行)的通知》(豫政〔2021〕23 号)规定,灾害发生时应优先营救、疏散、撤离、安置、救治人员,在工程项目力量不足以做到上述工作时,宜求助社会应急力量参与应急处置、受灾人员救助工作,减轻灾害对人员的危害。

5.3.2 本条明确规定了灾害发生时应开展抢险工作及应急处置措施。

5.3.3 本条明确规定了灾害发生时对有关设备、设施和场所采取的应急处置措施。

5.3.4 本条对灾害发生时需要重点排查的范围及应急处置措施做出了明确规定。

5.3.5 本条明确规定了暴雨、洪涝灾害的应急处置内容。当场地内开挖的槽、坑、沟、池等积水深度超过 0.5 m 时,要采取安全防护措施,防止淹溺事故发生。考虑到基坑及周边环境的复杂性,项目需要加强基坑、沟槽、边坡支撑结构检查及基坑周边变形监测和水位监测,做好场外水与场内水,场内水与基坑或地下室水的处置措施。

5.3.6 本条明确规定了暴雪、低温、冰冻天气灾害的应急处置内容。屋盖表面或大跨度结构的积雪在风力作用下会发生侵蚀和沉积,使积雪产生不均匀分布,加上较大的雪压是屋面和大跨度结构发生坍塌的重要原因。因此,要在暴雪时对屋面和大跨度结构进行检查,以消除隐患。

暴雪、低温、冰冻天气不仅会给正在施工的混凝土和道路结构带来质量隐患,而且也会影响现场人员的职业健康,给现场施工带来安全隐患。因此,现场要采取有效的质量安全措施,以避免质量安全事故的发生。

5.3.7 本条明确规定了高温灾害的应急处置内容。高温条件下,对露天作业人员的职业健康造成严重影响,提供良好的作业环境和生活环境,能很大程度地减少高温灾害带来的不利影响。此外,高温条件下,用电设备增多,易造成用电线路老化、用电设备安全事故的发生,需重视易燃易爆物品的存放安全。

5.4 事后处置

5.4.1 灾害结束后,其造成的危害超过项目及单位救援能力时,项目应上报属地人民政府、建设行政主管部门,以及公安、消防、应急管理等部门,申请外部支援力量。

6 排查与评估

6.1 一般规定

6.1.1 在洪水、地震等大的自然灾害之后，很容易出现传染性疾病，因此要求在灾害结束后，做好作业区、办公区、生活区环境卫生和人员健康的检查，防止传染病疫情的发生。

6.1.4 本条明确了受灾工程开展评估的前置条件，质量、安全隐患排查工作的结果直接影响到后期评估的全面性、可靠性及后续工作的顺利开展，应引起高度重视。

6.2 质量隐患排查

参照《建筑与市政工程施工质量控制通用规范》GB 55032，建筑工程总体按照十大分部分类，地基与基础工程、主体结构工程分别给出了质量隐患排查要点。装饰装修工程、节能工程和屋面工程质量隐患比较相似，合并对排查要点进行描述。市政工程按照城镇道路工程、城市桥梁工程、城市隧道工程、城市给水排水管道及检查井、园林绿化及附属工程分别给出了质量隐患排查要点。建筑安装工程与市政安装工程合并处理，在6.2.4条统一规定。

建筑材料、机械设备和工程实体是质量隐患重点排查对象。

6.2.3 主要材料、半成品、成品和建筑构配件等的质量直接影响工程实体质量，是组成工程实体质量的重要部分，灾害发生后，应对已经进场验收未使用的主要材料、半成品、成品和建筑构配件等进行再次检查。

6.2.4 本条规定了建筑安装工程和市政安装工程的质量隐患排查要点。

6.2.5 第1款中第1)项指的是地基与基础若发生沉降变形、孔洞、裂缝、管涌等对结构安全影响重大,灾后要重点检查。

6.2.6 第2款中第1)项重点排查墩台主体结构是否存在裂缝、倾斜等影响结构安全的问题,基础回填土被冲刷的部分要尽早分层填筑,桥墩存在偏压的应立即消除。

第2款中第4)项上部结构裂缝、变形等影响结构安全。

第3款中第1)项重点排查隧道内排水沟及排水泵站的淤积情况,排查泵站内各项设备及水位监测系统是否正常运行。

第3款中第2)项因周边的地表沉降、塌陷、位移、裂缝将直接影响隧道的质量安全。

第3款中第6)项检查重点为加装的人员逃生爬梯,如现场设有人员逃生爬梯,需检查其位置、变形及牢固情况。

第4款中第1)项主要针对正处于施工过程中的管道工程的检查。

第4款中第6)项受水灾后排水管道井盖容易被水压顶开,检查井盖内防护网是否破损、丢失,如有破损和丢失,需要及时更换装设,防止后期人员坠落。

第5款中第4)项重点排查场地内临边防护设施、配电箱防护设施、井盖周边、河流护栏等设施的牢固性。

6.3 安全隐患排查

参照《建筑施工安全检查标准》JGJ 59 和《市政工程施工安全检查标准》CJJ/T 275,将施工现场安全隐患进行分类、合并,从地基基础工程、模板脚手架与作业平台工程、高处作业、临时用电、施工机具、大型机械设备、临时设施与危险品库房等角度,说明了安全隐患排查的重点。

6.3.1 第4款《建筑深基坑工程施工安全技术规范》JGJ 311 规定,基坑周边 1.5 m 范围内不宜堆载,3 m 以内限制堆载。

6.3.1 第7款所说顶管工程包括人工顶管和机械顶管。

6.3.2 第 6 款所说的猫道为悬索桥施工的高空作业平台。

6.3.2 第 7 款移动模架是一种自带模板,利用承台或墩柱作为支承,对桥梁进行原位现浇,并可整体滑移过孔的造桥机。

6.3.5 施工机具包括:平刨、圆盘锯、手持电动工具、钢筋机械、电焊机、搅拌机、气瓶、翻斗车、潜水泵、振捣器、桩工机械等。

6.4 评 估

6.4.1 本条强调了各参建方应参与评估工作,可以保证评估报告的全面性和客观性。

6.4.2 本条规定了评估和评估报告的要求。

6.4.3 本条给出了受灾工程进行检测或鉴定的要求。

6.4.4 第 1 款规定了检测工作开展时的安全条件,应在判断灾害对结构不会造成破坏后进行。

第 3 款涉及的检测方案通常包含抽样原则、范围、检测方法、标准依据等,检测方案是检测结果的重要保证。

第 4 款强调明确的检测结论为受灾工程进行综合分析、处理提供技术依据。

7 复工复产

7.0.2 本条根据隐患可能造成的危害大小给出不同的处理流程，对不同影响程度的质量隐患和不同等级的安全隐患做了分类处理的规定。

7.0.3 本条明确了复工复产应具备的一系列条件，这些条件是复工复产工作规范、有序、安全进行的保障。